Fachliche Beratung:
Werner Vollmer

Übersetzung und Redaktion der deutschen Ausgabe: Sybille Schneider

Die Deutsche Bibliothek – CIP-Einheitsaufnahme

Kleine Katzen, große Katzen
Text von Béatrice Fontanel. Ill. von Anne Logvinoff.
[Übers. von Sybille Schneider. Hrsg.: Barbara Veit und Christine Wolfrum]. –
Ravensburg: Ravensburger Buchverl., 1997
(Die Welt entdecken)
Einheitssacht.: Chasseurs aux pattes de velours, les félins <dt.>
ISBN 3-473-35775-8
NE: Fontanel, Béatrice; Logvinoff, Anne;
Veit, Barbara [Hrsg.]; EST

97 98 99 3 2 1

ISBN 3-473-35775-8

Kleine Katzen, große Katzen

Text von Béatrice Fontanel
Illustrationen von Anne Logvinoff

DIE WELT ENTDECKEN

Der afrikanische Löwe, der asiatische Tiger, der amerikanische Puma und die Hauskatze, die vielleicht gerade auf deinem Schoß sitzt und schnurrt – sie alle haben etwas gemeinsam:

Sie sind Säugetiere und gehören zur großen Familie der Katzen!

Zwar ist die Hauskatze als einzige ihrer Familie zum Haustier geworden.
Aber beobachte, wie sie sich ins Haus schleicht, wie sie mit einem einzigen Satz aufs Sofa springt! Genauso lautlos und geschmeidig bewegen sich ihre wildlebenden Verwandten!
Die Katze ist ein Miniaturpanther!
Wenn sie ein Schläfchen gehalten hat, streckt sie sich bis zu den Krallenspitzen. Und dann ist sie plötzlich verschwunden. Wenn sie unsicher ist, dann setzt sie sich bisweilen hin und leckt sich aufgeregt die Schulter. Genauso verhält sich ein junger Löwe, wenn ihm ein stärkerer die Beute entrissen hat.

Gepard
Weißer Tiger
Tiger
Nordluchs
Puma
Rotluchs
Schwarzer Jaguar
Jagua

Serval
Wüstenluchs
Nebelparder
Leopard
Löwe
Löwin
Jaguarundi
Ozelot
Schneeleopard
Pardelluchs
Schwarzer Panther

Der Bengalische Tiger (Königstiger) lebt in den Wäldern Asiens. Tiger sind die größten Katzen der Welt.

Der Löwe ist der König der afrikanischen Savanne. Er liebt es, sich faul im Schatten eines Baumes zu räkeln.

Der Schneeleopard ist im Hochgebirge Zentralasiens zu Hause. Dorthin kommen nur selten Menschen.

Der Puma, auch Berg- oder Silberlöwe genannt, lebt fast überall in Nord- und Südamerika.

In vorgeschichtlicher Zeit lebten die Säbelzahnkatzen.
Sie hatten lange, dolchartige Zähne im Oberkiefer und sahen wohl wirklich furchterregend aus. Für die ersten Menschen waren sie schreckliche Gegner.

Raubkatzen sind heute vom Aussterben bedroht: Alle Großkatzen – mit Ausnahme der Löwen, für deren Fell sich niemand interessiert – sind vom Aussterben bedroht. Leoparden werden wegen ihres wunderschönen Fells gejagt, Tiger wurden bei den prunkvollen Jagden der indischen Maharadschas und der englischen Kolonialherren abgeschlachtet. Die Urwälder werden abgeholzt, und der Lebensraum der Katzen wird immer kleiner. Zwar gibt es inzwischen Naturschutzgebiete auch für Großkatzen, doch gerettet sind sie noch nicht.

Gleich und gleich gesellt sich gern!

Dennoch ist die Fellzeichnung am Körper und am Schwanz nicht immer die gleiche!

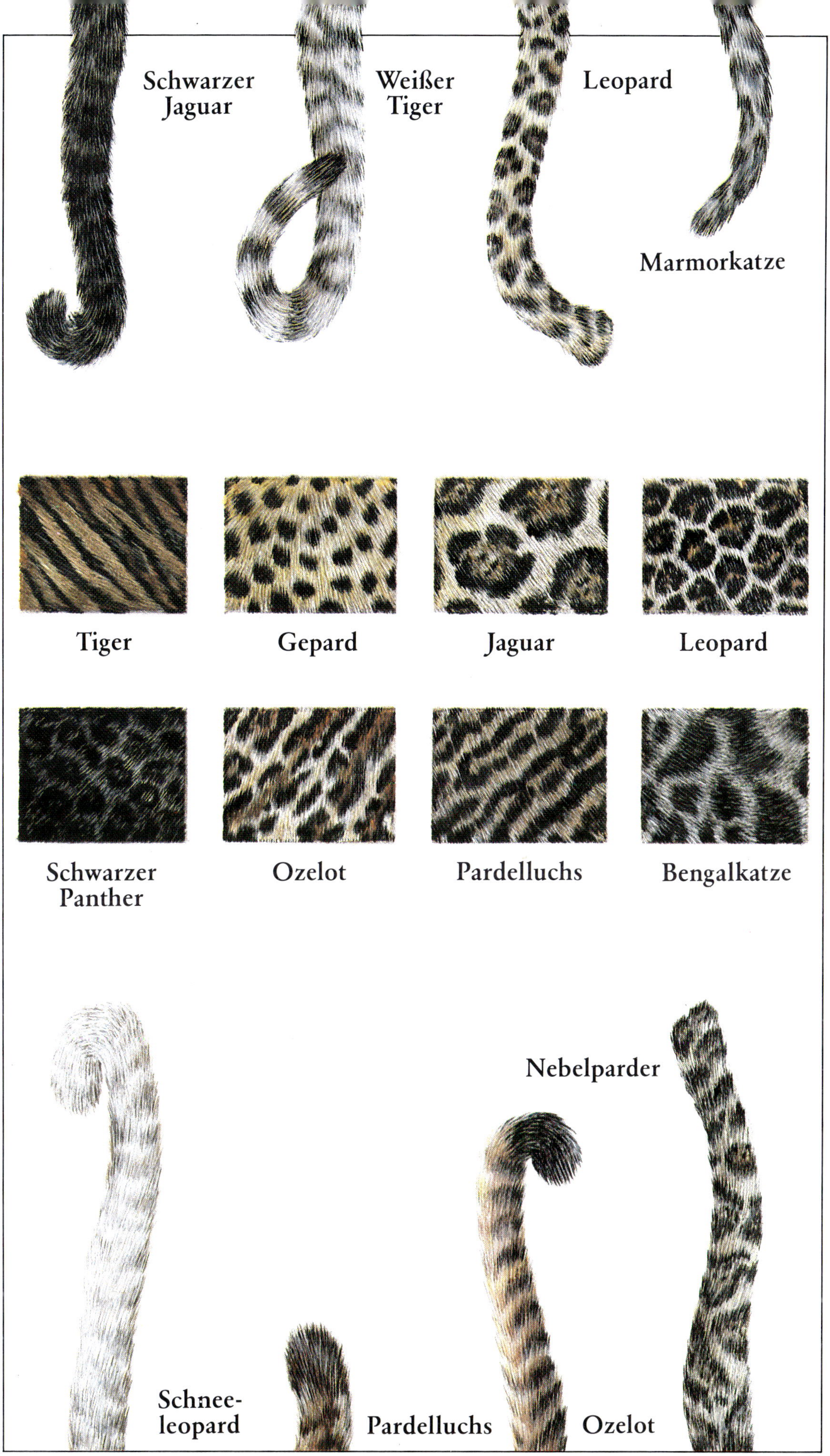
Schwarzer Jaguar
Weißer Tiger
Leopard
Marmorkatze
Tiger
Gepard
Jaguar
Leopard
Schwarzer Panther
Ozelot
Pardelluchs
Bengalkatze
Nebelparder
Schnee-leopard
Pardelluchs
Ozelot

Der Tiger

Tiger, Tiger, glutentfacht
In den Dickichten der Nacht,
Welchen Gottes Griff und Schau
Schuf deinen grausen Wunderbau?

Welcher Himmelskluft entstammen
Deiner Augen Feuerflammen?
Welche Schwinge, welcher Mut,
Welche Hand ergriff die Glut?

Welche Schulter, welche Kraft
Hat des Herzens Nerv gestrafft,
Als es pochend sich empfand,
Welch grimme Füße, grimme Hand?

William Blake

Kinderlied

A, B, C, die Katze lief in Schnee,
und als sie dann nach Hause kam,
da hat sie weiße Stiefel an,
A, B, C, die Katze lief in Schnee.

Trotz ihrer enormen Größe bewegen sie sich lautlos durch das Dickicht. Sie ernähren sich vom Wild, das in den Wäldern lebt.

Mit seinem hellen Fell ist er im dürren Gras der Savanne gut getarnt. Aber er jagt nur selten. Meist sind es die Löwinnen, die für Beute sorgen.

Mit ihren Riesenpfoten sinkt diese Raubkatze im Schnee nicht tief ein. Ihr dichtes, weiches Fell schützt sie vor der eisigen Kälte.

Am liebsten hält er sich im Gebirge oder in felsigem Gelände auf.

Katzen sind schön und stark.

Mit ihrem gefleckten Fell sind manche Raubkatzen, wie zum Beispiel der Gepard oder der Leopard, gut getarnt. Im dichten Unterholz, im Spiel von Licht und Schatten, fallen sie kaum auf. Selbst das Fell des schwarzen Panthers, das einfarbig zu sein scheint, ist in Wirklichkeit gefleckt. Katzen – vor allem die Raubkatzen – sind sehr muskulös und besitzen mächtige Kiefer. Sie können Säugetiere töten, die doppelt so groß sind wie sie selbst. Bei ihren gewaltigen Sprüngen dient ihnen der Schwanz als Steuerruder. Die Stimmung der Katzen kannst du an ihrer Schwanzspitze ablesen. Wenn eine Katze aufgeregt ist, schlägt sie mit dem Schwanz hin und her. Wenn der Schwanz den Boden peitscht, ist höchste Vorsicht geboten. Gleich wird sie angreifen!

◀ **Auch der schwarze Jaguar hat ein geflecktes Fell.**

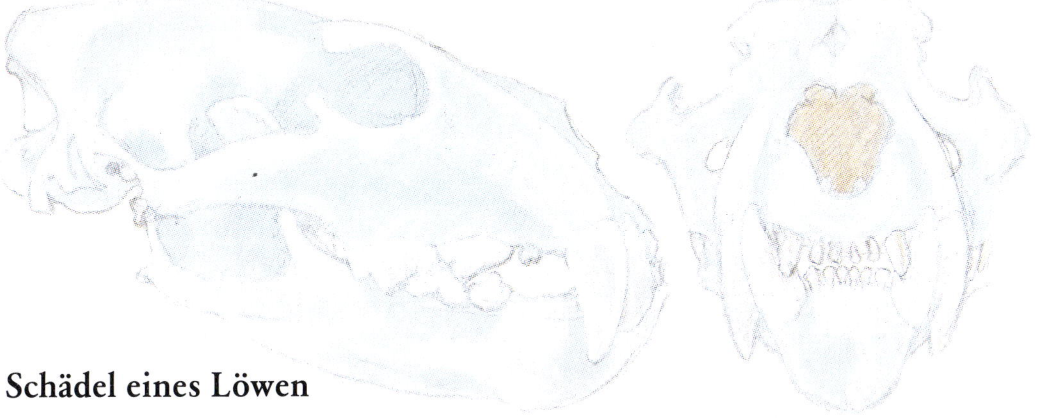

Schädel eines Löwen

Kätzchen lieben es, mit dem Schwanz ihrer Mutter zu spielen.

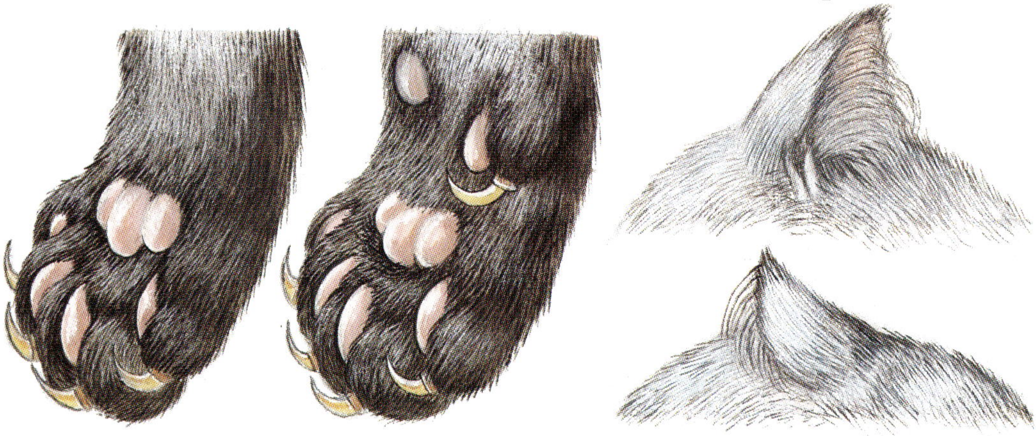

Im Dunkeln sind die Pupillen der Katzen ganz groß. Bei hellem Licht verengen sie sich zu einem schmalen Spalt.

Die Schnurrhaare der Katzen sind äußerst empfindlich. Mit ihrer Hilfe können sie jedes Hindernis spüren. Katzen stoßen daher nie an, sie streifen nicht einmal Zweige, wenn sie durchs Gebüsch kriechen. So können sie sich lautlos an ihre Beute anschleichen.

Katzen können ihre Krallen nach Belieben einziehen oder abspreizen. So nutzen sich die Krallen kaum ab und bleiben scharf. Trotzdem pflegen Katzen ihre Krallen und schärfen sie an Baumstämmen oder, als Hauskatzen, manchmal sogar an Möbeln. In den Ohren haben Katzen feine Haare, die jeden Wechsel der Windrichtung wahrnehmen. Raubkatzen strömen einen so scharfen Geruch aus, daß sie damit eine ganze Herde Gnus oder Zebras in die Flucht schlagen können. Außerdem besitzen Katzen ein sehr feines Gehör und scharfe Augen.

Katzen sehen auch im Dunkeln. Im Katzenauge liegt hinter der Netzhaut – ähnlich einem Spiegel – eine Schicht, die das einfallende Licht zurückwirft und so ein zweites Mal durch die Sehzellen schickt.

Weil Katzen so geschmeidig sind und einen guten Gleichgewichtssinn haben, kommen sie bei einem Sturz fast immer mit den Füßen auf dem Boden auf.

Hin und wieder greift der Leopard Affen an, die hoch oben in den Bäumen schlafen. Meist aber überrumpelt er sie auf dem Boden, wenn die Affen zum Fressen oder Trinken von den Bäumen herunterkommen.

Die Katzen sind Nachttiere.

Bei Anbruch der Dunkelheit verlassen die Löwen das Dickicht, um geräuschvoll am Fluß zu trinken. Nach der Hitze des Tages ist es jetzt angenehm kühl. Die Löwen tauchen nun im Dunkel der Nacht unter, um auf Jagd zu gehen oder um eine alte Beute zu suchen, die sie am Vorabend nicht ganz aufgefressen haben.
Wenn die Löwen ihr Jagdgebiet wechseln oder neue Beute suchen, machen sie sich stets nachts auf den Weg. Tagsüber wäre es zu heiß. Manchmal legen sie in einer Nacht dreißig Kilometer zurück!

Die Fischkatze läßt sich Fische, Frösche und Krebse schmecken.

Wie jagen die Katzen?

Die meisten Katzen sind Lauerer: Im hohen Gras verborgen, schleichen sie sich geduckt und lautlos an ihre Beute an. Dann erfolgt, ganz plötzlich, in wenigen Sekunden der Angriff.

Mit einem geschickten Tatzenhieb fängt sie ihre Beute im Fluß.

Sie springen das Beutetier an, beißen es in die Kehle, schlagen ihre Pranken in die Flanken des Opfers und drücken es zu Boden.
Wenn sie es getötet haben, schleppen die Raubkatzen ihr Opfer an einen geschützten Ort, wo sie vor Störenfrieden sicher sein können.

Der Leopard lauert seiner Beute manchmal in den Bäumen auf. Von oben läßt er sich auf sie herunterfallen.

Katzen sind Raubtiere.

Sie fressen alle Arten von Tieren. Der Panther verschlingt sowohl Frösche als auch Affen. Der Gepard jagt Gazellen und Antilopen; der Löwe Zebras, Gnus und junge Nilpferde.

Raubtiere sind sehr nützlich.

Sie fressen alte, kranke und schwache Tiere und sorgen dafür, daß die pflanzenfressenden Säugetiere nicht überhandnehmen. Im Haushalt der Natur nehmen sie so einen wichtigen Platz ein.

Vorsicht vor den Hufen der Giraffe!

Trotz ihrer Stärke haben auch Raubkatzen Feinde.

Vor Elefanten sind sie auf der Hut, vor allem, wenn diese Junge haben und besonders angriffslustig sind. Sie fürchten auch Krokodile, die an der Tränke lauern. Und sie meiden Schlangen, die sie umklammern und ersticken können. Raubkatzenkinder haben Respekt vor den spitzen Stacheln des Stachelschweins.

Löwen leben in einer Familie.

Ein Rudel umfaßt immer mehrere männliche Löwen und viele Weibchen. Es hat bis zu dreißig Mitglieder. Löwen sind ausgesprochene Faulpelze. Tagsüber dösen sie vor sich hin und gähnen. Sie lecken sich gegenseitig oder reiben die Schnauzen aneinander.

Wenn der Tag sich neigt, tauchen die letzten Sonnenstrahlen die Savanne in feuriges Licht. Jetzt kommt die Zeit, in der das Löwenrudel auf die Jagd geht. Auch die männlichen Löwen helfen dabei und treiben den Weibchen die Beute zu. Ihr Gebrüll ist kilometerweit zu hören.

Der Gepard ist besonders anmutig.
Sein Körperbau ähnelt dem eines Windhunds. Der Gepard hat einen kleinen Kopf mit zwei schwarzen Streifen, die wie dunkle Tränen über seine Wangen laufen. Seine Beine sind lang und schlank, sein Rücken ist schön geschwungen.

Er ist der schnellste Sprinter der Tierwelt: Er erreicht eine Spitzengeschwindigkeit von 100 bis 110 Stundenkilometern!
In nur drei Sekunden kann er von 0 auf 90 Stundenkilometer beschleunigen! Deshalb ist er die einzige Raubkatze, die ihre Beute verfolgt und hetzt. Allerdings gibt er die Verfolgung meist schon nach 300 bis 500 Metern auf. Er ist nämlich ein ausgesprochener Kurzstreckenläufer und übrigens als einziger der Katzenfamilie ein Tagtier.
Der Gepard ist auch die einzige Katze, die ihre Krallen nicht zurückziehen kann. Beim Laufen wirken die vorstehenden Krallen wie Nägel an Laufschuhen.

Wenn Gefahr droht, versteckten sich die jungen Geparden unter Bäumen und Büschen.

Der Ozelot

Wie ziehen die Weibchen ihre Jungen auf?

Die meisten Katzen sind Einzelgänger. Wenn sie Junge haben, geben die Weibchen ihr unabhängiges Leben für eine Weile auf. Während der ersten Wochen bleiben junge Geparden im Versteck zurück, und ihre Mutter geht auf die Jagd. Mit der Beute kehrt die Gepardin zurück und gibt ihren Jungen das vorgekaute Fleisch zum Fressen. Sind Löwenjunge vier Monate alt, führt die Mutter sie mit viel Geduld in die Jagd und den Beutefang ein. Sie fängt ein Tier und läßt es vor den Jungen frei, um diese zur Verfolgung der Beute anzuspornen.

Die Löwenkinder saugen nicht nur bei ihrer Mutter, sondern auch bei anderen Löwinnen des Rudels, wenn diese ebenfalls Junge haben.

Leopardin mit ihrem Jungen

Luchskinder kommen im Frühling zur Welt. Sie werden in einem hohlen Baumstamm oder unter dem Wurzelwerk eines Baumes geboren. Nach zwei Monaten trinken sie nicht mehr bei ihrer Mutter; jetzt fangen sie zu jagen an. Im Herbst verlassen sie ihre Familie.

Der Wüstenluchs

Bei ihrer Geburt wiegen Tigerbabys ungefähr ein Kilo. Sie saugen bis zum Alter von sechs Monaten bei ihrer Mutter. Nach zwei Jahren sind sie ausgewachsen. Jetzt suchen sie sich ihr eigenes Jagdgebiet.

Tigerin mit ihren Jungen

Bei den Ägyptern waren die Katzen heilig. Starb eine Katze, so wurde sie einbalsamiert – wie die Pharaonen.

Von den vielen Katzenarten wurde nur eine zum Haustier.

Als erstes wildes Tier haben die Menschen den Hund gezähmt. Er stammt von den Wölfen ab. Dann folgten Schweine, Kühe und Schafe. Schließlich zähmte man Pferde, Elefanten und Kamele, um auf ihnen zu reiten oder ihre Kraft zur Feldarbeit und zum Transport von Lasten zu nutzen. Als letztes Tier kam die Katze zu den Menschen. Das war vermutlich im alten Ägypten. Um ihre Ernten vor Mäusen, Ratten und Vögeln – und sich selbst vor Schlangen – zu schützen, wollten die Menschen Wildkatzen zu Haustieren machen. Aber das hat wohl Jahrhunderte gedauert. Katzen sind eben sehr eigenwillige Tiere! Erst als sie in der Nähe von Menschen lebten, wurden sie allmählich etwas zutraulicher.

Lange vor der Hauskatze hielten Menschen die Ginsterkatze als Mäusefängerin.

◀ Eine Wildkatze! Es gibt noch viele wildlebende Kleinkatzenarten, die kaum bekannt sind, weil sie im Verborgenen leben.

Angorakatze
Türkische Katze
Maine Coon
Perserkatz
Europäisch Kurzhaar, creme
Birmakatze
Perser mit Pekinesengesicht
Khmer-Katze
Manxkatze
Balinesische Katze
Somalikatze
Amerikanisch Kurzhaar
Kymrische Katz
Kartäuserkatze

Bobtail
Schottische Hängeohrkatze
Ägyptische Mau
Europäisch Kurzhaar, getigert
Orientalisch Kurzhaar, lila
Burmakatze, braun
Russisch-blau
Siamkatze
Orientalisch Kurzhaar, weiß
Bombaykatze
Rexkatze
Sphinx
Drahthaarige Katze